왜 키가 자라요?

왜 키가 자라요?

매들린 타일러 글
이계순 옮김
서영균 감수

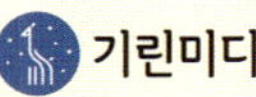

160
150
140
130
120
110
20
10

차례

이렇게
밑줄이 그어진
단어의 뜻은
26쪽에 있어요.

키가 얼마나 되나요?

키가 큰 편인가요, 작은 편인가요?
아니면 중간쯤 되나요?

손톱을 자주 깎나요?
아니면 손톱이 별로 자라지
않는 것 같나요?

어린이는 뼈가 자라고 몸집이 커지면서 하루가 다르게 성장해요. 빨리
자라는 어린이도 있고, 천천히 자라는 어린이도 있어요.

쑥쑥 자라요

나이를 먹고 자라는 데 있어서 키는 아주 중요해요. 지금은 키가 작을 수 있지만, 언젠가는 선생님보다 더 크게 자랄지도 몰라요!

사람은 보통 열여덟 살에서 스물한 살 정도가 되면 키가 더 자라지 않아요.
하지만 머리카락과 손톱은 평생 자라지요.

내분비 기관

내분비 기관은 우리 몸속으로 호르몬을 내보내는 기관들이에요. 샘과 호르몬으로 이루어져 있어요.

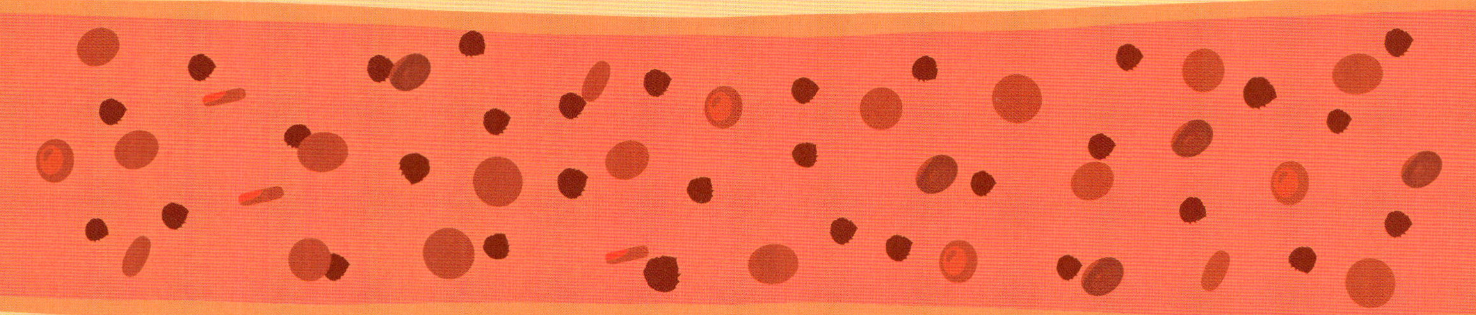

샘은 호르몬을 피로 내보내요. 호르몬은 몸의 세포들에게 가서 필요한 정보를 주며 어떻게 하라고 지시해요.

우리 몸에는 샘이 많이 있어요. 샘마다 내보내는 호르몬이 다르고, 호르몬마다 하는 일이 달라요. 이따금 호르몬 수치가 너무 높거나 낮을 수 있어요.

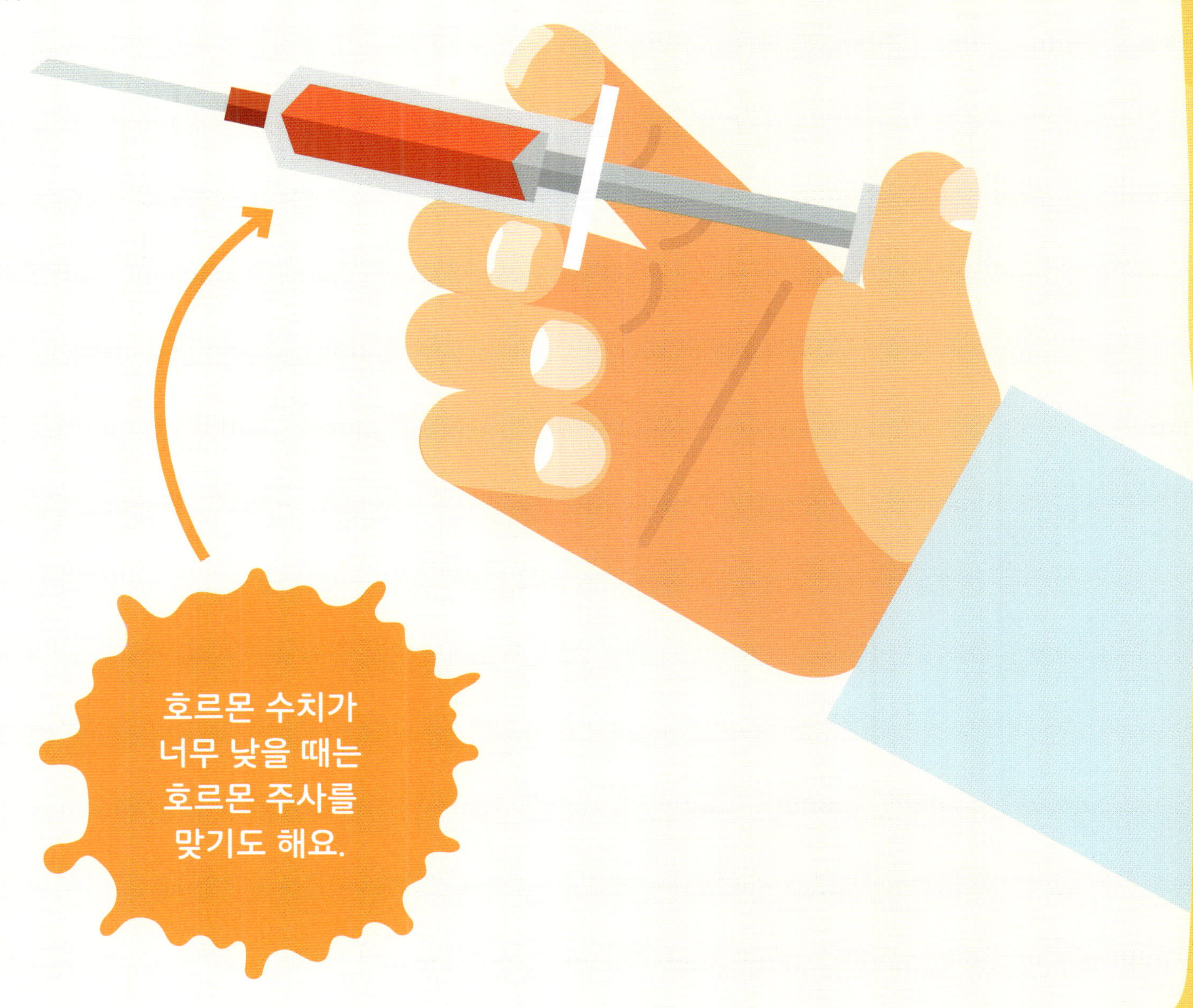

샘과 성장

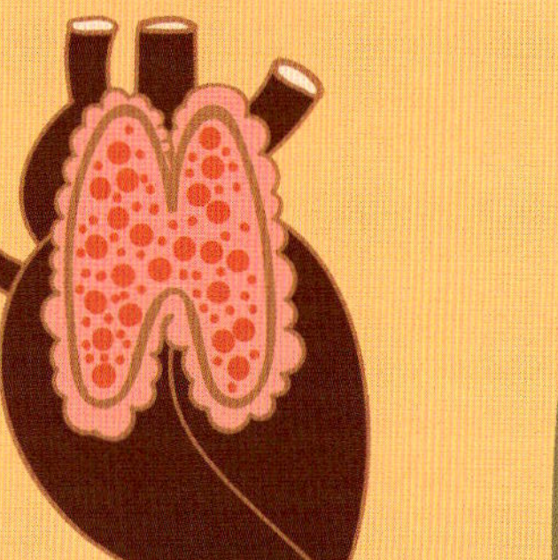

내분비 기관의 샘은 몸 곳곳에 있어요.

뇌하수체는 뇌에 있는 작은 샘이에요.

뇌의 한 부분인 시상하부는 때때로 뇌하수체에게 성장 호르몬을 더 많이 내보내라고 말해요.

뇌하수체에서는 성장 호르몬을 내보내요.

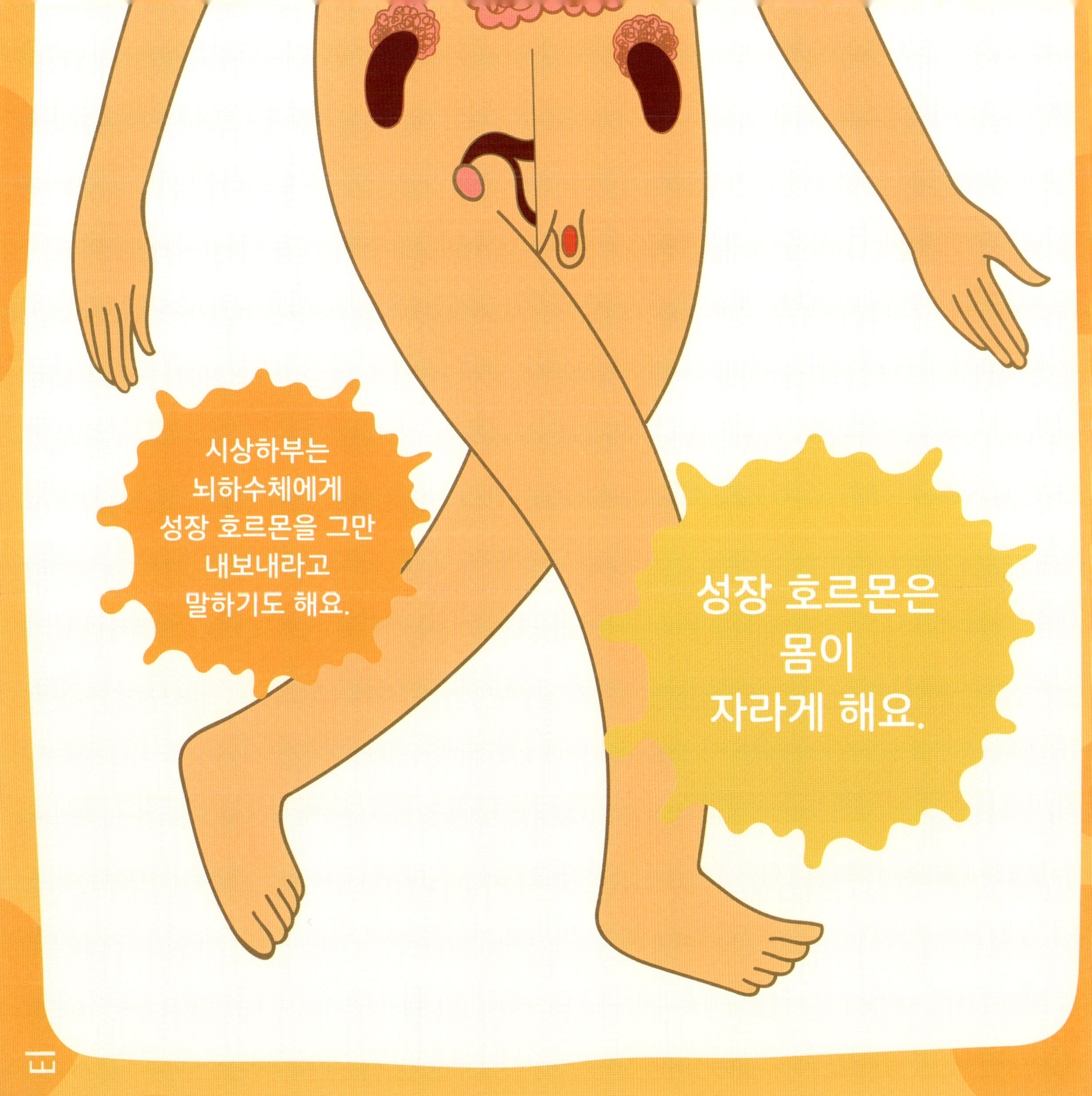

시상하부는
뇌하수체에게
성장 호르몬을 그만
내보내라고
말하기도 해요.

성장 호르몬은
몸이
자라게 해요.

문제가 있어요

성장 호르몬이 너무 많이 나오면 거인증에 걸릴 수 있어요. 거인증을 앓는 사람은 가족이나 친구들보다 키가 훨씬 더 커요.

성장 호르몬이 너무 적게 나올 수도 있어요. 이러면 키가 잘 자라지 않고,
젖니도 오랫동안 빠지지 않아요.

건강한 생활 습관

성장 호르몬은 적당히 나와야 해요. 물론 다른 호르몬들도 적당히 나와야 하지요. 튼튼하고 건강하게 자라려면 다음과 같은 것들이 필요해요.

- 물
- 잠
- 운동
- 비타민
- 무기질(특히 칼슘)

몸이 자라는 건 아주 힘들고 피곤한
일이에요. 그래서 자라는 동안에는
몸을 잘 돌봐야 해요.

몸을 건강하게 지키려면,
음식에서 비타민과 무기질 같은
영양소를 얻어야 해요.

잠을 적당히
잘 자요.
너무 많이도,
너무 적게도 말고요!

건강에 좋은
음식을
먹어요.

운동을 해요.

물을 많이
마셔요.

급성장기

열한 살이나 열두 살 정도가 되면,
하루가 다르게 몸이 쑥쑥 자라요.
이때를 급성장기라고 해요.

급성장기에는 손과 발이 먼저 커져요. 그래서 10대 청소년들은 신발을 자주 살 수밖에 없어요. 발이 금방금방 커져서 신발이 어느새 작아지니까요!

발톱과 코털

발톱

발톱은 계속 자라요. 급성장기에만 자라는 게 아니어서 자주 깎아야 해요. 아래 그림처럼 되지 않으려면 말이죠!

발톱은 1년에 19.2밀리미터씩 자라요!

코털

사람은 전부 코털이 있어요. 심지어 갓난아이도 있지요. 나이가 들면 호르몬 수치가 조금씩 변해요. 그러면서 눈썹 숱은 많아지고, 귀와 코에 있는 털은 더부룩 자라지요!

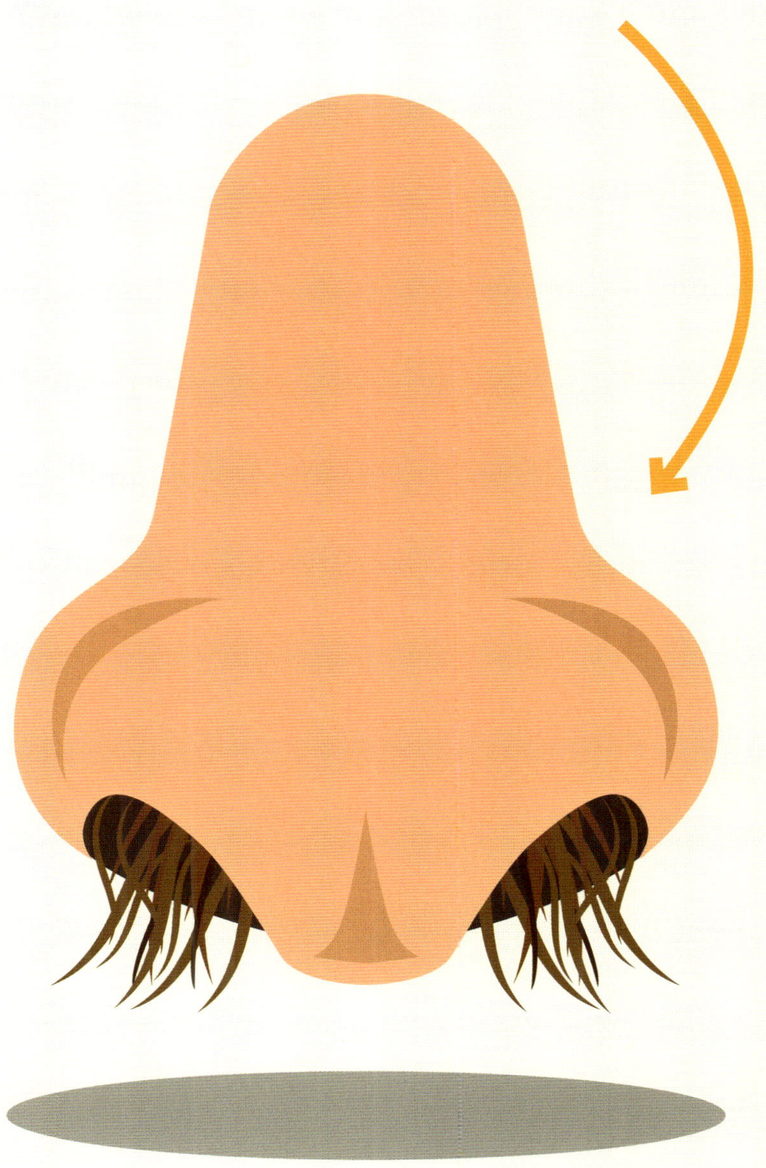

고마워요, 호르몬!

성장 호르몬은 몸이 잘 자라도록 도와줘요. 다른 호르몬들도 여러 가지 방식으로 우리에게 도움을 주지요.

인슐린은 핏속 당분 수치를 일정하게 지켜 줘요.

아드레날린은 심장을 빨리 뛰게 해요. 두려운 일이 닥쳤을 때 몸에서
아드레날린이 나오면서 우리 몸이 준비를 하게 되지요.

신기록을 세운 사람들

세상에서 키가
가장 작은 사람은
찬드라 바하두르 당기예요.
키가 54.6센티미터였지요.

세상에서 키가
가장 큰 사람은 로버트 워들러예요.
키가 2.72미터였지요. 워들러는 자기
아빠보다 거의 1미터나 더 컸어요.

메흐멧 오쥬렉의 코는
세상에서 제일 길어요.
길이가 8.8센티미터나 되지요.
세상에서 가장 긴 손톱의
길이는 8.65미터예요.

무슨 뜻일까요?

거인증
14쪽

키가 지나치게 크게 자라는 병이에요.

남성 호르몬
18쪽

남성으로서의 여러 특징을 만들어 내는 호르몬이에요.

당분
23쪽

물에 잘 녹고 단맛이 있는 성분을 말해요.

무기질
16, 17쪽

칼슘, 나트륨, 마그네슘처럼 우리 몸이 제대로 여러 기능을 하기 위해 필요한 영양소에요.
미네랄이라고도 해요.

성장 호르몬
12-16, 22쪽

우리 몸을 자라게 하는 호르몬이에요.

시상하부
12, 13쪽

뇌의 한 부분으로, 체온과 혈압 조절, 호르몬 분비와 조절 같은 다양한 일을 해요.

샘
10-12쪽

우리 몸이 필요로 하는 물질을 만들고 내보내는 기관이나 조직을 말해요. 분비샘이라고도 해요.
침샘, 땀샘 같은 외분비샘과 뇌하수체, 갑상샘 같은 내분비샘이 있어요.

세포
10쪽

생물을 이루는 기본 단위예요.

여성 호르몬
18쪽

여성으로서의 여러 특징을 만들어 내는 호르몬이에요.

영양소
17쪽

우리가 성장하고 건강하게 지내는 데 필요한 힘을 주는 물질이에요.

젖니
15쪽

젖먹이 때 나서 어린 시절에 쓰는 이예요. 젖니가 빠지고 나면 영구치가 나와요.

칼슘
16쪽

무기질의 하나로, 특히 뼈와 이를 튼튼하게 해요.

호르몬
10-16, 18, 21, 22쪽

우리 몸속에서 나오는 물질로, 몸속 여러 곳으로 옮겨져 여러 가지 기능을 해요.

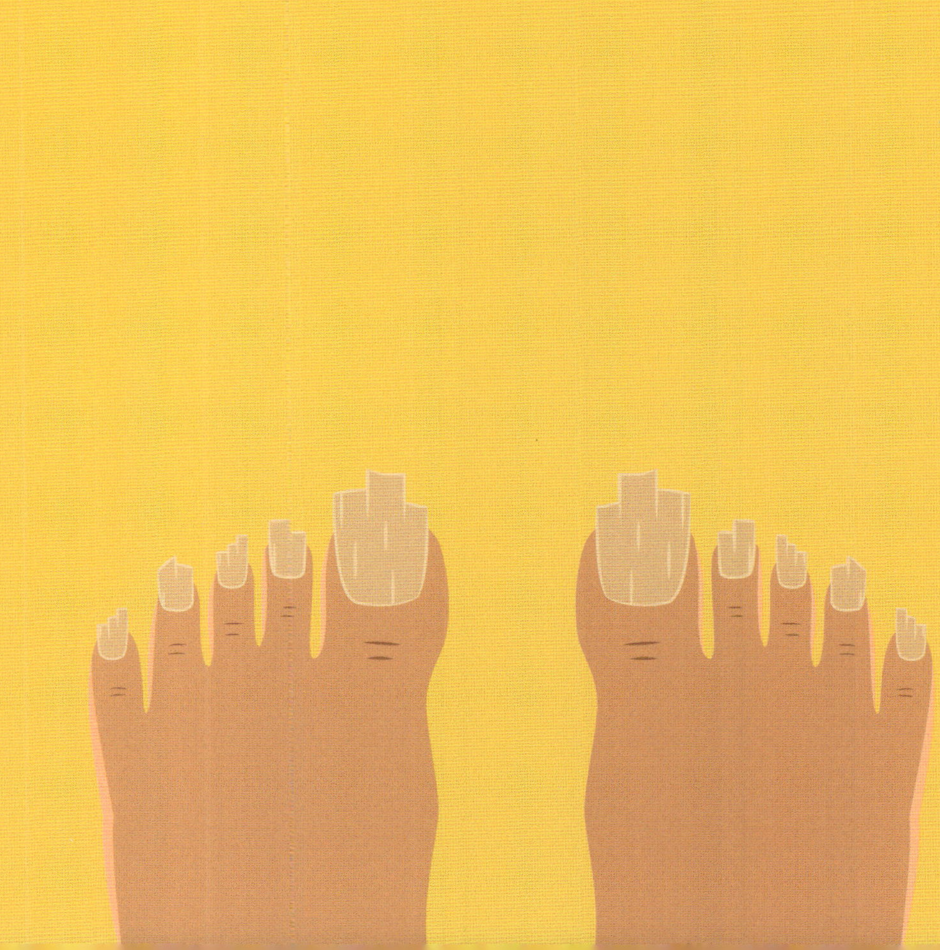

삐뽀삐뽀 우리 몸

왜 키가 자라요?

초판 1쇄 발행 2021년 5월 25일 | **초판 2쇄 발행** 2022년 6월 22일
글쓴이 매들린 타일러 | **옮긴이** 이계순 | **감수** 서영균
펴낸이 홍성우 | **책임 편집** 이정은 | **디자인** 박두레
펴낸곳 기린미디어 | **등록** 2016년 4월 26일 제 409-2016-000009호
주소 경기도 김포시 모담공원로 17
전화 0505-302-2381 | **팩스** 0505-300-2381 | **전자우편** girinmedia@daum.net

ISBN 979-11-91142-13-6 74470
       979-11-91142-11-2 (세트)

*책값은 뒤표지에 표시되어 있습니다.

*파본이나 잘못된 책은 구입하신 곳에서 바꿔드립니다.

품명 아동 도서 | **사용연령** 5세 이상 | **제조국** 대한민국 | **제조년월** 2022년 6월 22일 | **제조자명** 기린미디어
연락처 0505-302-2381 | **주소** 경기도 김포시 모담공원로 17
주의사항 종이에 베이거나 긁히지 않도록 조심하세요. 책 모서리가 날카로우니 던지거나 떨어뜨리지 마세요.
KC마크는 이 제품이 공통안전기준에 적합하였음을 의미합니다.

이미지 출처
셔터스톡, 게티이미지, 싱크스톡포토, 아이스톡포토
표지, p3 : Dmitry Natashin, Nadzin, nasidastudio, grmarc. 모든 페이지마다 사용된 이미지 : Nadzin, TheFarAwayKingdom. p4 : Roi and Roi. p6–8 : Iconic Bestiary. p10 : eranicle. p11 : MSSA. p12-13 : arborelza. p14-15 : Iconic Bestiary. p16 : lukpedclub. p17 : Iconic Bestiary, KIKUCHI, ByEmo, Roman Marvel. p18 : Iconic Bestiary. p19 : Ira Yapanda. p20 : Roi and Roi. p21 : LynxVector. p22 : Iconic Bestiary. p23 : svtdesign. p24 : Iconic Bestiary. p25 : user friendly, Anna Violet.

글쓴이 매들린 타일러
대학에서 비교 문학을 공부했습니다. 출판사에서 편집자로 일하며 작가로도 활동하고 있습니다. <몬스터 수학> 시리즈를 비롯한 수십 권의 어린이 교양 도서를 썼습니다.

옮긴이 이계순
서울대학교를 졸업했고, 인문사회부터 과학에 이르기까지 폭넓은 분야에 관심을 갖고 공부하는 것을 좋아합니다. 좋은 어린이·청소년 책을 우리말로 옮기는 일에 힘쓰고 있습니다. 옮긴 책으로 《캣보이》, 《1분 1시간 1일 나와 승리 사이》, 《말똥말똥 잠이 안 와》, 《지키지 말아야 할 비밀》, <공룡 나라 친구들 시리즈(전11권)> 등이 있습니다.

감수 서영균
서울대학교 의과대학을 졸업한 의학박사, 가정의학과 전문의입니다. KBS <생로병사의 비밀>, 채널A <나는 몸신이다> 등 다수의 프로그램에 출연했습니다. 현재 한림대학교 성심병원 가정의학과 교수입니다.